한 자리 수의 덧셈과 뺄셈

✳ 왼쪽 그림보다 '1' 많게 ○를 그리세요.　　✳ 왼쪽 그림보다 '1' 적게 ○를 그리세요.

KB182555

참 잘했어요!

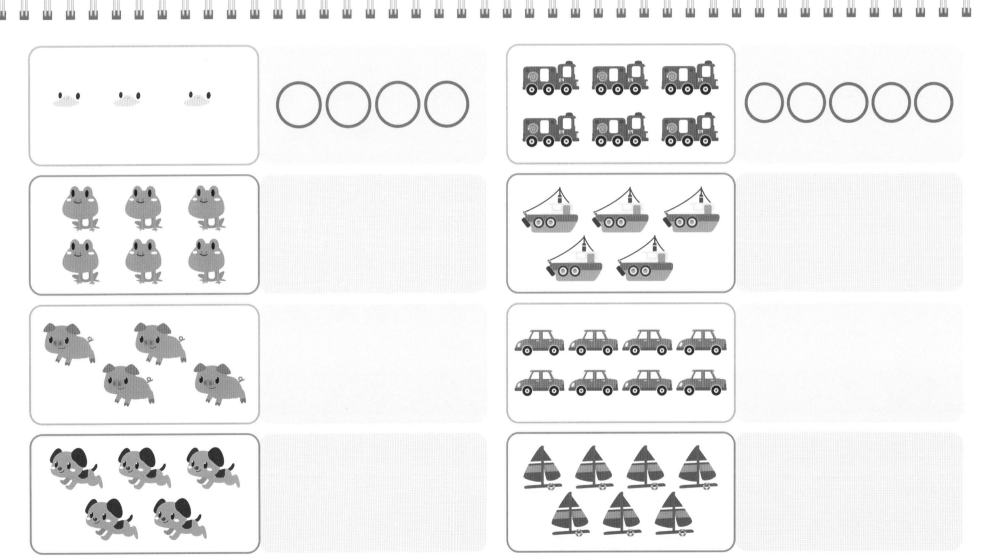

1

한 자리 수의 덧셈과 뺄셈

✳ 문제를 읽고 알맞게 ○ 하세요.

참 잘했어요!

✿ 왼쪽 그림보다 '2' 많게 ○를 그리세요.

✿ 왼쪽 그림보다 '2' 적게 ○를 그리세요.

✿ 그림보다 '2' 많은 수에 ○ 하세요.

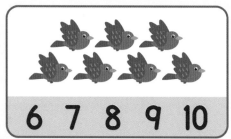

✿ 그림보다 '2' 적은 수에 ○ 하세요.

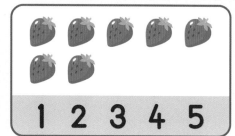

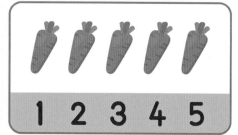

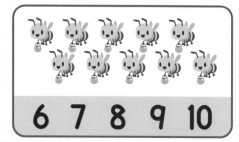

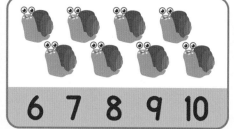

2

한 자리 수의 덧셈과 뺄셈

✳ 그림을 보고, □안에 알맞은 수를 쓰세요.

참 잘했어요!

 $2 + 3 =$

 $6 - 2 =$

 $7 + 2 =$

 $5 - 3 =$

 $5 + 4 =$

 $7 - 4 =$

 $6 + 3 =$

 $8 - 5 =$

3

한 자리 수의 덧셈과 뺄셈

❋ 덧셈을 하여, □안에 알맞은 수를 쓰세요.   ❋ 뺄셈을 하여, □안에 알맞은 수를 쓰세요.

참 잘했어요!

$$2 + 5 = \boxed{}$$

$$3 + 4 = \boxed{}$$

$$5 - 2 = \boxed{}$$

$$6 - 4 = \boxed{}$$

$$8 + 1 = \boxed{}$$

$$6 + 2 = \boxed{}$$

$$7 - 5 = \boxed{}$$

$$3 - 2 = \boxed{}$$

$$4 + 5 = \boxed{}$$

$$2 + 7 = \boxed{}$$

$$4 - 3 = \boxed{}$$

$$8 - 6 = \boxed{}$$

한 자리 수의 덧셈과 뺄셈

※ 덧셈을 하여, □안에 알맞은 수를 쓰세요.　　※ 뺄셈을 하여, □안에 알맞은 수를 쓰세요.

참 잘했어요!

6 + 3 =

5 + 2 =

7 − 4 =

8 − 4 =

2 + 4 =　　3 + 5 =　　3 − 1 =　　6 − 4 =

6 + 2 =　　8 + 1 =　　5 − 2 =　　9 − 6 =

4 + 5 =　　7 + 2 =　　7 − 5 =　　4 − 2 =

3 + 3 =　　2 + 5 =　　8 − 3 =　　5 − 4 =

1 + 4 =　　4 + 4 =　　6 − 2 =　　9 − 5 =

한 자리 수의 덧셈과 뺄셈

✳ 덧셈을 하여, □안에 알맞은 수를 쓰세요.　　　　✳ 뺄셈을 하여, □안에 알맞은 수를 쓰세요.

참 잘했어요!

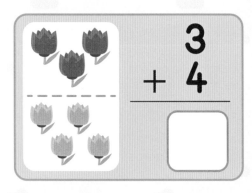

$$+\begin{matrix}3\\4\end{matrix}$$

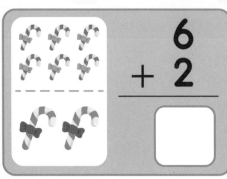

$$+\begin{matrix}6\\2\end{matrix}$$

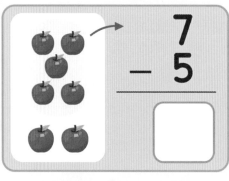

$$-\begin{matrix}7\\5\end{matrix}$$

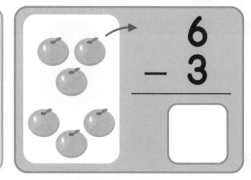

$$-\begin{matrix}6\\3\end{matrix}$$

$$+\begin{matrix}5\\4\end{matrix}\qquad +\begin{matrix}6\\3\end{matrix}\qquad +\begin{matrix}3\\2\end{matrix}\qquad +\begin{matrix}1\\8\end{matrix}\qquad -\begin{matrix}5\\3\end{matrix}\qquad -\begin{matrix}4\\2\end{matrix}\qquad -\begin{matrix}8\\5\end{matrix}\qquad -\begin{matrix}9\\7\end{matrix}$$

$$+\begin{matrix}2\\7\end{matrix}\qquad +\begin{matrix}2\\5\end{matrix}\qquad +\begin{matrix}4\\3\end{matrix}\qquad +\begin{matrix}2\\2\end{matrix}\qquad -\begin{matrix}6\\4\end{matrix}\qquad -\begin{matrix}7\\3\end{matrix}\qquad -\begin{matrix}5\\2\end{matrix}\qquad -\begin{matrix}8\\6\end{matrix}$$

70까지의 수를 알아요

70까지의 수

✳ 그림의 개수를 세어 알맞은 수에 ○하세요.　　　✳ 61, 62, 63을 바르게 쓰세요.

참 잘했어요!

61	**62**
63	**64**

56	**57**
58	**59**

45	**46**
47	**48**

61	62	63
61	62	63
61	62	63

70까지의 수를 알아요

✳ 알맞은 수를 선으로 이으세요.

✳ 64, 65, 66을 바르게 쓰세요.

참 잘했어요!

10개씩 묶음	낱개
6	5

10개씩 묶음	낱개
6	1

10개씩 묶음	낱개
6	4

10개씩 묶음	낱개
6	2

61

65

62

64

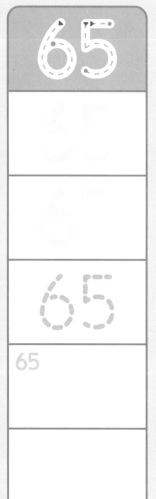

8

70까지의 수를 알아요

✳ 그림의 수를 세어 그 수에 ○하세요.

✳ 67, 68, 69를 바르게 쓰세요.

참 잘했어요!

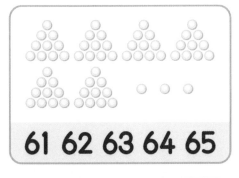

61 62 63 64 65

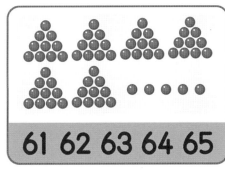

61 62 63 64 65

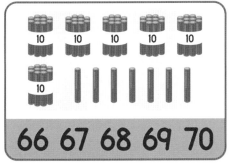

66 67 68 69 70

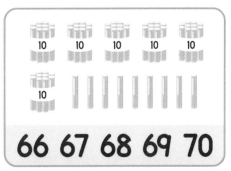

66 67 68 69 70

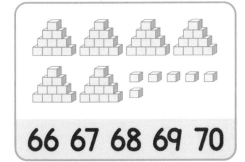

66 67 68 69 70

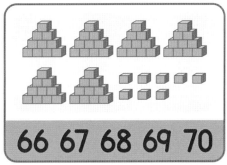

66 67 68 69 70

70까지의 수를 알아요

❇ 숫자에 맞는 스티커를 붙이세요.

❇ 68, 69, 70을 바르게 쓰세요.

참 잘했어요!

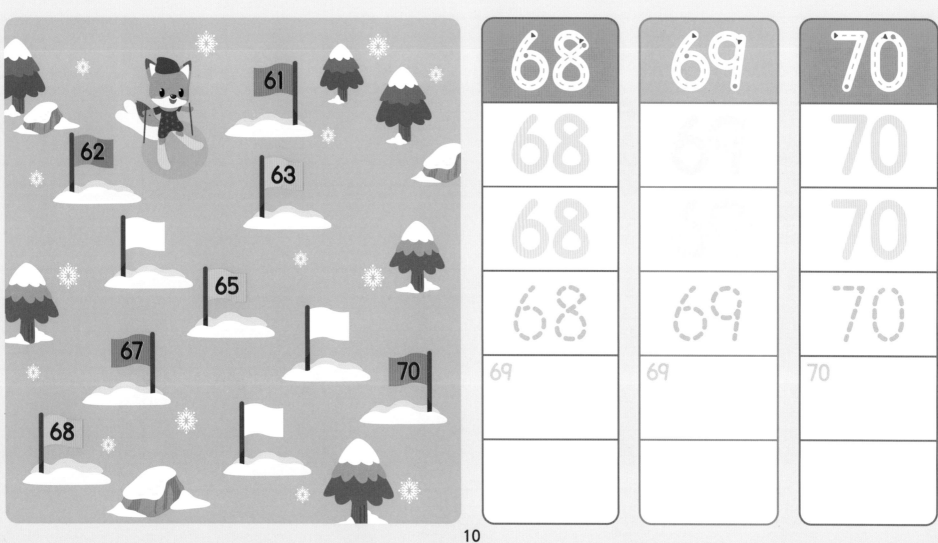

10

70까지의 수를 알아요

70까지의 수

❋ 눈이 내려요. 담장에 빠진 숫자를 쓰세요.

❋ 차례수에 맞게 빈칸에 들어갈 숫자를 쓰세요.

참 잘했어요!

1	2			5		7	8		10
11		13		15	16			19	20
	22	23	24			27	28		30
31		33		35			38	39	40
41		43		45	46		48		50
	52		54		56	57			60
61	62		64		66	67		69	70

51		53		55
56		58		60
61	62	63	64	65
66	67	68	69	70
71	72	73	74	75
76	77	78	79	80

11

70까지의 수를 알아요

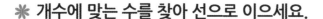

❋ 개수에 맞는 수를 찾아 선으로 이으세요.

❋ 차례수에 맞게 빈칸에 들어갈 숫자를 쓰세요.

참 잘했어요!

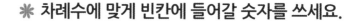

| 61 | | 63 | 64 | 65 | 66 |

| 62 | 63 | | 65 | 66 | 67 |

| 63 | 64 | 65 | | 67 | 68 |

| 64 | 65 | 66 | 67 | | 69 |

| 65 | 66 | 67 | 68 | 69 | |

61

62

70

65

12

받아올림이 없는 두 자리 수 + 한 자리 수

✳ 덧셈식을 읽고 □안에 알맞은 수를 쓰세요.　　✳ 덧셈을 하여, □안에 알맞은 수를 쓰세요.

참 잘했어요!

10 + 2 = □

10 더하기 2는 12

10 + 1 = □

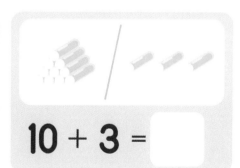

10 + 3 = □

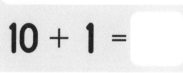

10 + 2 = □

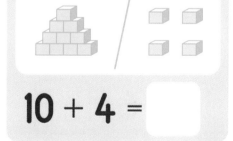

10 + 4 = □

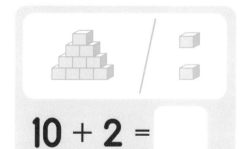

10 + 7 = □

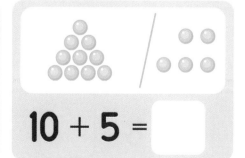

10 + 5 = □

받아올림이 없는 **두 자리 수 + 한 자리 수**

✸ 덧셈식을 읽고 □안에 알맞은 수를 쓰세요.　　　✸ 덧셈을 하여, □안에 알맞은 수를 쓰세요.

$10 + 1 = \boxed{}$

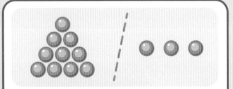

$10 + 3 = \boxed{}$

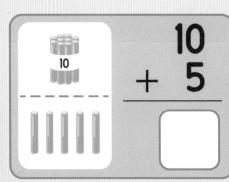

$$\begin{array}{r} 10 \\ + 5 \\ \hline \boxed{} \end{array}$$

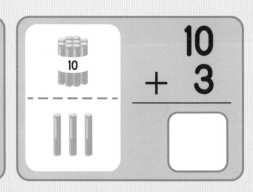

$$\begin{array}{r} 10 \\ + 3 \\ \hline \boxed{} \end{array}$$

$10 + 2 = \boxed{}$　　$10 + 4 = \boxed{}$

$$\begin{array}{r} 10 \\ + 4 \\ \hline \boxed{} \end{array} \qquad \begin{array}{r} 10 \\ + 9 \\ \hline \boxed{} \end{array} \qquad \begin{array}{r} 10 \\ + 8 \\ \hline \boxed{} \end{array} \qquad \begin{array}{r} 10 \\ + 2 \\ \hline \boxed{} \end{array}$$

$10 + 6 = \boxed{}$　　$10 + 7 = \boxed{}$

$10 + 9 = \boxed{}$　　$10 + 5 = \boxed{}$

$$\begin{array}{r} 10 \\ + 1 \\ \hline \boxed{} \end{array} \qquad \begin{array}{r} 10 \\ + 5 \\ \hline \boxed{} \end{array} \qquad \begin{array}{r} 10 \\ + 7 \\ \hline \boxed{} \end{array} \qquad \begin{array}{r} 10 \\ + 3 \\ \hline \boxed{} \end{array}$$

$10 + 8 = \boxed{}$　　$10 + 1 = \boxed{}$

14

받아올림이 없는 두 자리 수 + 한 자리 수

덧셈

✳ 덧셈식을 읽고, □안에 알맞은 수를 쓰세요.　　✳ 덧셈을 하여, □안에 알맞은 수를 쓰세요.

참 잘했어요!

13 + 2 = □

13 더하기 2는 15

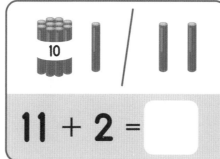

11 + 2 = □

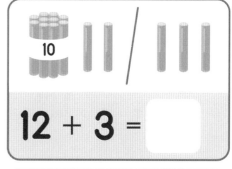

12 + 3 = □

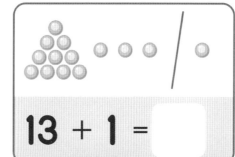

13 + 1 = □

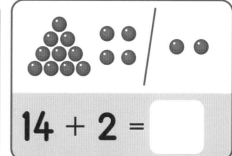

14 + 2 = □

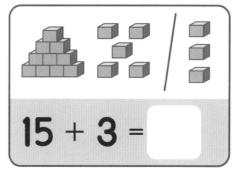

15 + 3 = □

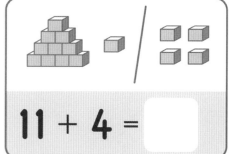

11 + 4 = □

15

받아올림이 없는 두 자리 수 + 한 자리 수

참 잘했어요!

✴ 연잎에 있는 덧셈을 하여 스티커를 붙이세요.　　✴ 덧셈을 하여, □안에 알맞은 수를 쓰세요.

$$\begin{array}{r} 12 \\ + 5 \\ \hline \end{array}$$

12 + 5 = ☐

16 + 2 = ☐　　14 + 4 = ☐

17 + 1 = ☐　　13 + 5 = ☐

15 + 4 = ☐　　12 + 6 = ☐

11 + 7 = ☐　　14 + 3 = ☐

16

덧셈

받아올림이 없는 두 자리 수 + 한 자리 수

❋ 모래집에 있는 덧셈을 하여 스티커를 붙이세요.   ❋ 덧셈을 하여, □안에 알맞은 수를 쓰세요.

참 잘했어요!

$$12 + 4 =$$

$$13 + 2 =$$

$$12 + 5 =$$

$$14 + 4 =$$

$$16 + 3 =$$

$$16 + 2 = \boxed{}$$

$$16 + 2 = \boxed{} \qquad +\ 2$$

$$14 + 3 = \boxed{} \qquad 12 + 5 = \boxed{}$$

$$11 + 7 = \boxed{} \qquad 13 + 6 = \boxed{}$$

$$12 + 4 = \boxed{} \qquad 15 + 2 = \boxed{}$$

$$16 + 2 = \boxed{} \qquad 12 + 7 = \boxed{}$$

받아올림이 없는 두 자리 수 + 한 자리 수

덧셈

❋ 덧셈을 하여, □안에 알맞은 수를 쓰세요.

❋ 글을 읽고, □안에 알맞은 수를 쓰세요.

참 잘했어요!

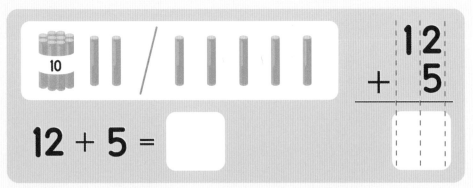

$$12 + 5 = \boxed{}$$

$$\begin{array}{r} 1\,2 \\ +\quad 5 \\ \hline \end{array}$$

$11 + 4 = \boxed{}$ $16 + 2 = \boxed{}$

$13 + 5 = \boxed{}$ $14 + 3 = \boxed{}$

$17 + 2 = \boxed{}$ $15 + 4 = \boxed{}$

$12 + 6 = \boxed{}$ $11 + 8 = \boxed{}$

은호는 구슬 14개를 가지고
있었습니다.
영기가 3개를 더 주었습니다.
은호의 구슬은 모두 몇 개입니까?

$$\boxed{} + \boxed{} = \boxed{} \text{ 개}$$

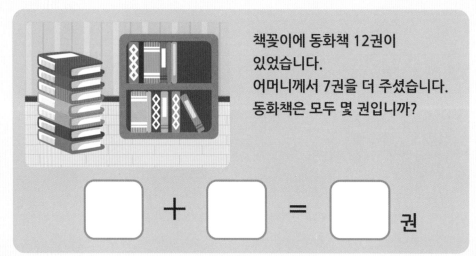

책꽂이에 동화책 12권이
있었습니다.
어머니께서 7권을 더 주셨습니다.
동화책은 모두 몇 권입니까?

$$\boxed{} + \boxed{} = \boxed{} \text{ 권}$$

받아내림이 없는 두 자리 수 – 한 자리 수

참 잘했어요!

✳ 식을 읽고, 뺄셈을 하여 □안에 그 수를 쓰세요.   ✳ 뺄셈을 하여, □안에 알맞은 수를 쓰세요.

10 − 2 = □

10 빼기 2는 8

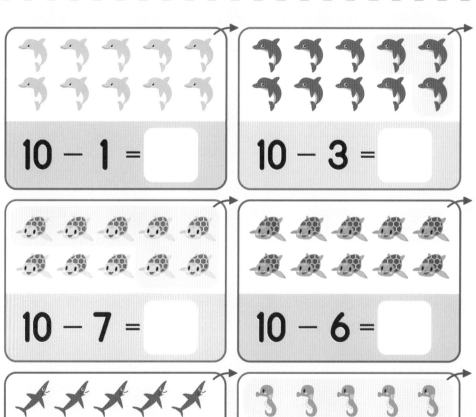

10 − 1 = □

10 − 3 = □

10 − 7 = □

10 − 6 = □

10 − 5 = □

10 − 8 = □

받아내림이 없는 두 자리 수 − 한 자리 수

✻ 식을 읽고, 뺄셈을 하여 □안에 그 수를 쓰세요.　　✻ 뺄셈을 하여, □안에 알맞은 수를 쓰세요.

참 잘했어요!

$14 - 3 = \boxed{}$

14 빼기 3은 11

$14 - 3 = \boxed{}$

$18 - 5 = \boxed{}$

$13 - 2 = \boxed{}$

$15 - 4 = \boxed{}$

$12 - 1 = \boxed{}$

$17 - 3 = \boxed{}$

20

받아내림이 없는 두 자리 수 – 한 자리 수

참 잘했어요!

✻ 그림을 보고, □안에 그 수를 쓰세요.　　✻ 뺄셈을 하여 맞는 답에 ○ 하세요.

15 − 3 = □

13 − 2 = □

17 − 2　15　16

18 − 5　12　13

15 − 1　13　14

19 − 4　13　15

13 − 1　11　12

21

받아내림이 없는 두 자리 수 – 한 자리 수

❋ 뺄셈식이 있는 배를 타고 낚시를 하고 있어요. 낚시 바늘에 스티커를 붙이세요.

참 잘했어요!

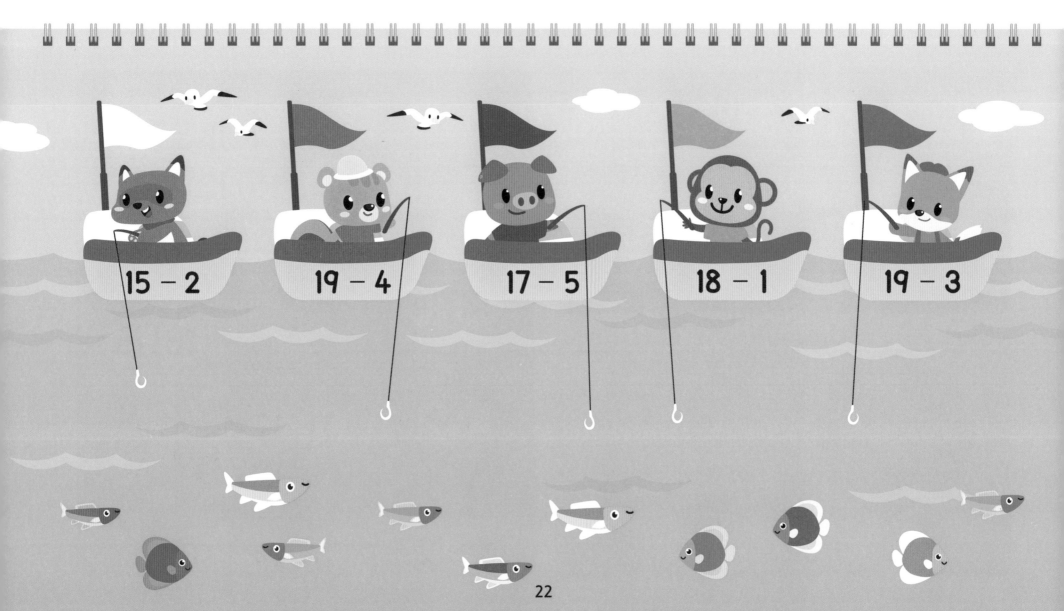

15 − 2   19 − 4   17 − 5   18 − 1   19 − 3

뺄셈

받아내림이 없는 두 자리 수 – 한 자리 수

✳ 나이테에 있는 뺄셈을 하여 스티커를 붙이세요.   ✳ 그림을 보고, 뺄셈을 하세요.

참 잘했어요!

14 – 2

18 – 5

17 – 6

15 – 1

19 – 4

$$\begin{array}{r} 16 \\ -\ 2 \\ \hline \end{array}$$

16 – 2 = ☐

14 – 3 = ☐   18 – 5 = ☐

19 – 7 = ☐   17 – 6 = ☐

18 – 6 = ☐   15 – 2 = ☐

16 – 2 = ☐   14 – 1 = ☐

받아내림이 없는 두 자리 수 - 한 자리 수

✳ 뺄셈 하여 나온 수의 색으로 색칠 해 보세요.　　✳ 뺄셈을 하여, □안에 알맞은 수를 쓰세요.

참 잘했어요!

16 - 5　　17 - 5　　15 - 2

12 - 1　　14 - 3　　18 - 6

16 - 4　　19 - 7　　13 - 2

⑪ ✏　　⑫ ✏　　⑬ ✏

$$16 - 4$$

$16 - 4 = \boxed{}$

$18 - 5 = \boxed{}$　$16 - 3 = \boxed{}$

$13 - 1 = \boxed{}$　$15 - 2 = \boxed{}$

$19 - 8 = \boxed{}$　$17 - 3 = \boxed{}$

$12 - 2 = \boxed{}$　$18 - 6 = \boxed{}$

24

80까지의 수를 알아요

✳ 그림의 개수에 맞는 숫자를 ○ 하세요.

✳ 71, 72, 73의 숫자를 바르게 쓰세요.

참 잘했어요!

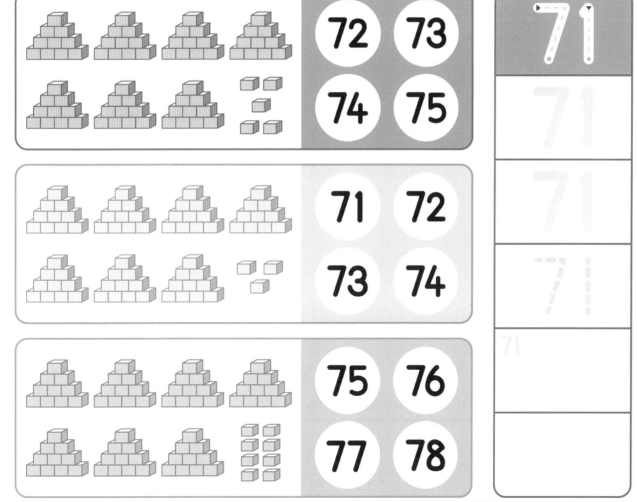

72 73
74 75

71 72
73 74

75 76
77 78

71
72
73

80까지의 수를 알아요

✳ 알맞은 수를 선으로 이으세요.

✳ 74, 75, 76의 숫자를 바르게 쓰세요.

참 잘했어요!

10개씩 묶음	낱개
7	3

10개씩 묶음	낱개
7	5

10개씩 묶음	낱개
7	1

10개씩 묶음	낱개
7	4

71

74

73

75

74	75	76
74	75	76
74	75	76
74	75	76
74	75	76

26

80까지의 수를 알아요

80까지의 수

❇ 그림의 수를 세어 그 수에 ○ 하세요.

❇ 77, 78, 79의 숫자를 바르게 쓰세요.

참 잘했어요!

| 71 | 72 | 73 | 74 |

| 72 | 73 | 74 | 75 |

| 73 | 74 | 75 | 76 |

| 74 | 75 | 76 | 77 |

| 75 | 76 | 77 | 78 |

| 76 | 77 | 78 | 79 |

77

77
77
77
77

78

78
78

79

79
79
79
79

80까지의 수를 알아요

❋ 차례수에 맞게 숫자 스티커를 붙이세요.

❋ 78, 79, 80의 숫자를 바르게 쓰세요.

참 잘했어요!

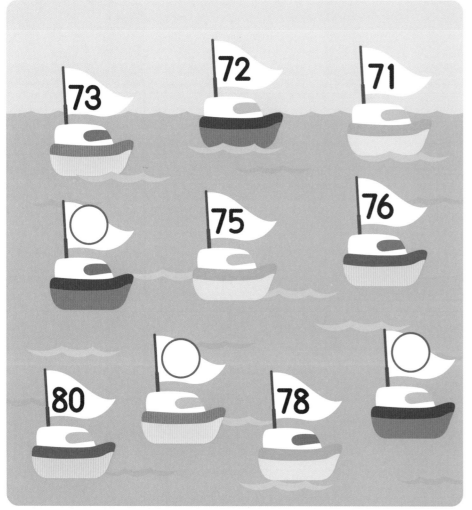

28

80까지의 수를 알아요

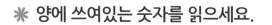

✻ 양에 쓰여있는 숫자를 읽으세요.

✻ 차례수에 맞게 빈칸에 들어갈 숫자를 쓰세요.

참 잘했어요!

61		63		65
66		68		70
71	72	73	74	75
76	77	78	79	80
81	82	83	84	85
86	87	88	89	90

71　72　73

74　75

76　77　78

79　80

81　82　83　84　85

86　87　88　89　90

29

80까지의 수를 알아요

✳ 그림의 개수에 맞는 숫자를 선으로 이으세요.　　✳ 차례수에 맞게 빈칸에 들어갈 숫자를 쓰세요.

참 잘했어요!

73

72

74

75

| 71 | | 73 | 74 | 75 | 76 |

| 72 | 73 | | 75 | 76 | 77 |

| 73 | 74 | 75 | | 77 | 78 |

| 74 | 75 | 76 | 77 | | 79 |

| 75 | 76 | 77 | 78 | 79 | |

30

받아올림이 없는 두 자리 수 + 한 자리 수

덧셈

❋ 덧셈식을 읽고 □ 안에 알맞은 수를 쓰세요.　　　　❋ 덧셈을 하여, □ 안에 알맞은 수를 쓰세요.

참 잘했어요!

20 + 2 = □

20 더하기 2는 22

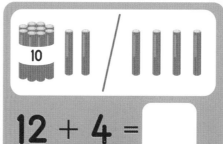

12 + 4 = □

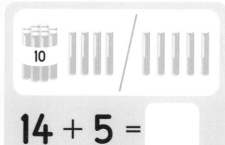

14 + 5 = □

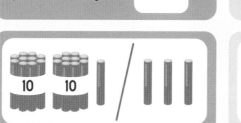

21 + 3 = □

23 + 2 = □

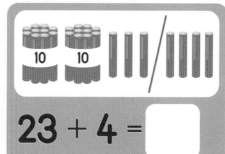

23 + 4 = □

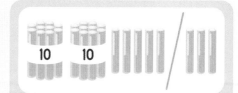

25 + 3 = □

31

받아올림이 없는 **두 자리 수 + 한 자리 수**

덧셈

참 잘했어요!

✳ 덧셈을 하여, □ 안에 알맞은 수를 쓰세요.

25 + 2 = □

24 + 3 = □

$$\begin{array}{r} 21 \\ +\ 5 \\ \hline \end{array}$$ □

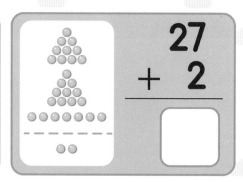

$$\begin{array}{r} 27 \\ +\ 2 \\ \hline \end{array}$$ □

20 + 5 = □

23 + 6 = □

24 + 2 = □

25 + 4 = □

26 + 3 = □

21 + 7 = □

23 + 1 = □

22 + 5 = □

$$\begin{array}{r} 22 \\ +\ 4 \\ \hline \end{array}$$ □

$$\begin{array}{r} 21 \\ +\ 6 \\ \hline \end{array}$$ □

$$\begin{array}{r} 26 \\ +\ 3 \\ \hline \end{array}$$ □

$$\begin{array}{r} 20 \\ +\ 5 \\ \hline \end{array}$$ □

$$\begin{array}{r} 17 \\ +\ 2 \\ \hline \end{array}$$ □

$$\begin{array}{r} 24 \\ +\ 5 \\ \hline \end{array}$$ □

$$\begin{array}{r} 27 \\ +\ 2 \\ \hline \end{array}$$ □

$$\begin{array}{r} 28 \\ +\ 1 \\ \hline \end{array}$$ □

받아올림이 없는 **두 자리 수 + 한 자리 수**

덧셈

✳ 덧셈식을 읽고 □ 안에 알맞은 수를 쓰세요.   ✳ 그림을 보고, 덧셈을 하세요.

참 잘했어요!

23 + 2 = ☐   23 더하기 2는 25

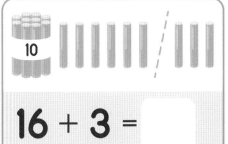

16 + 3 = ☐

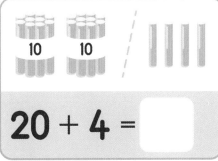

20 + 4 = ☐

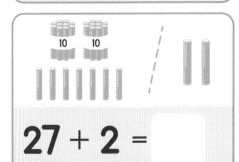

27 + 2 = ☐

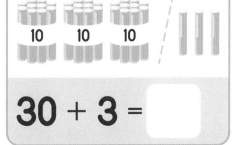

30 + 3 = ☐

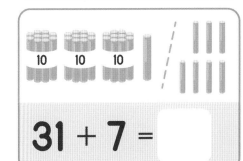

31 + 7 = ☐

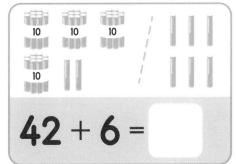

42 + 6 = ☐

33

받아올림이 없는 두 자리 수 + 한 자리 수

✳ 덧셈을 하여, □ 안에 알맞은 수를 쓰세요.

참 잘했어요!

10 + 8 = □

20 + 7 = □

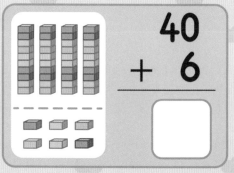

$$30 + 5 = \square$$

$$40 + 6 = \square$$

20 + 4 = □　　30 + 5 = □

$$\begin{array}{r} 20 \\ + 4 \\ \hline \square \end{array}$$　$$\begin{array}{r} 30 \\ + 7 \\ \hline \square \end{array}$$　$$\begin{array}{r} 10 \\ + 9 \\ \hline \square \end{array}$$　$$\begin{array}{r} 50 \\ + 6 \\ \hline \square \end{array}$$

10 + 9 = □　　20 + 7 = □

30 + 2 = □　　10 + 6 = □

$$\begin{array}{r} 80 \\ + 5 \\ \hline \square \end{array}$$　$$\begin{array}{r} 40 \\ + 3 \\ \hline \square \end{array}$$　$$\begin{array}{r} 60 \\ + 8 \\ \hline \square \end{array}$$　$$\begin{array}{r} 70 \\ + 2 \\ \hline \square \end{array}$$

40 + 3 = □　　50 + 8 = □

받아올림이 없는 두 자리 수 + 한 자리 수

* 덧셈식을 읽고 □ 안에 알맞은 수를 쓰세요.　　* 덧셈을 하여, □ 안에 알맞은 수를 쓰세요.

참 잘했어요!

$$26 + 3 = \boxed{}$$　26 더하기 3은 29

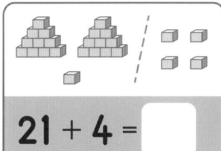

$$21 + 4 = \boxed{}$$

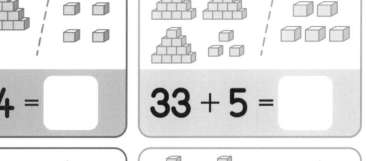

$$33 + 5 = \boxed{}$$

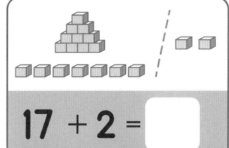

$$17 + 2 = \boxed{}$$

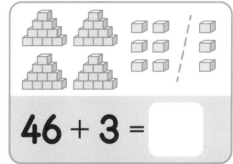

$$46 + 3 = \boxed{}$$

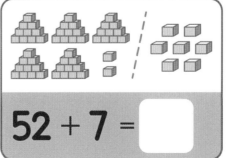

$$52 + 7 = \boxed{}$$

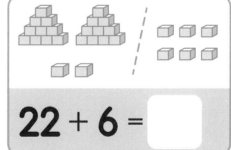

$$22 + 6 = \boxed{}$$

받아올림이 없는 두 자리 수 + 한 자리 수

덧셈

✳ 덧셈을 하여 정답 스티커를 붙이세요.　　　　　✳ 덧셈을 하여, □ 안에 알맞은 수를 쓰세요.

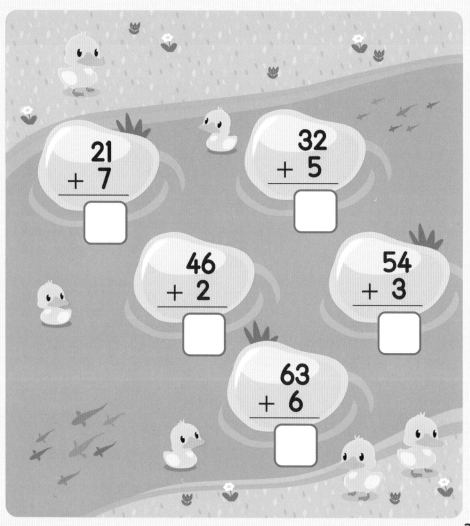

$$21 + 7$$

$$32 + 5$$

$$46 + 2$$

$$54 + 3$$

$$63 + 6$$

$$\begin{array}{r} 45 \\ + 3 \\ \hline \end{array}$$

$$45 + 3 = \boxed{}$$

$$24 + 5 = \boxed{} \qquad 62 + 7 = \boxed{}$$

$$53 + 2 = \boxed{} \qquad 35 + 4 = \boxed{}$$

$$72 + 6 = \boxed{} \qquad 81 + 8 = \boxed{}$$

$$36 + 3 = \boxed{} \qquad 44 + 5 = \boxed{}$$

36

받아올림이 없는 두 자리 수 + 한 자리 수

✳ 덧셈을 하여, □ 안에 알맞은 수를 쓰세요.　　　✳ 다음 글을 읽고, □ 안에 알맞은 수를 쓰세요.

참 잘했어요!

$$\begin{array}{r} 36 \\ +\ 2 \\ \hline \end{array}$$

$36 + 2 = \boxed{}$

$52 + 1 = \boxed{}$　　$63 + 4 = \boxed{}$

$25 + 4 = \boxed{}$　　$37 + 2 = \boxed{}$

$14 + 3 = \boxed{}$　　$23 + 1 = \boxed{}$

$74 + 2 = \boxed{}$　　$45 + 3 = \boxed{}$

경주는 동화책 22권을 가지고 있었습니다.
어머니께서 7권을 더 주셨습니다.
경주의 동화책은 모두 몇 권입니까?

$\boxed{} + \boxed{} = \boxed{}$ 권

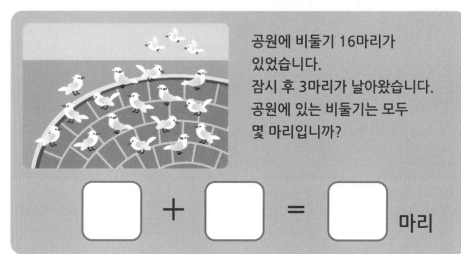

공원에 비둘기 16마리가 있었습니다.
잠시 후 3마리가 날아왔습니다.
공원에 있는 비둘기는 모두 몇 마리입니까?

$\boxed{} + \boxed{} = \boxed{}$ 마리

받아내림이 없는 두 자리 수 – 한 자리 수

✳ 식을 읽고, 뺄셈을 하여 □안에 그 수를 쓰세요. ✳ 뺄셈을 하여, □안에 알맞은 수를 쓰세요.

참 잘했어요!

18 – 3 = □   18 빼기 3은 15

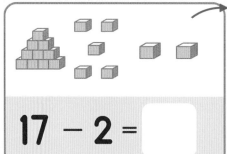

17 – 2 = □

57 – 6 = □

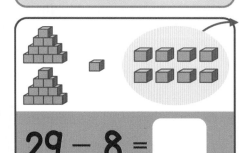

29 – 8 = □

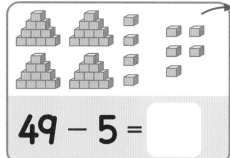

49 – 5 = □

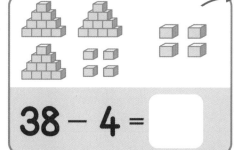

38 – 4 = □

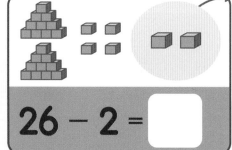

26 – 2 = □

받아내림이 없는 두 자리 수 – 한 자리 수

✳ 식을 읽고, 뺄셈을 하여 □안에 그 수를 쓰세요.   ✳ 뺄셈을 하여, □안에 알맞은 수를 쓰세요.

참 잘했어요!

$$25 - 3 = \boxed{}$$ 25 빼기 3은 22

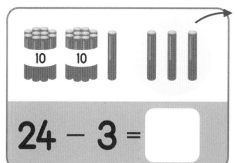

$$24 - 3 = \boxed{}$$

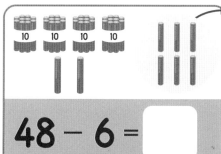

$$48 - 6 = \boxed{}$$

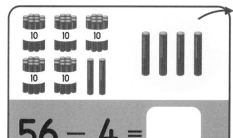

$$56 - 4 = \boxed{}$$

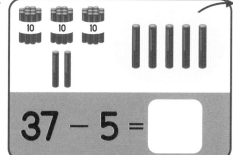

$$37 - 5 = \boxed{}$$

$$19 - 7 = \boxed{}$$

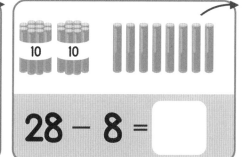

$$28 - 8 = \boxed{}$$

받아내림이 없는 두 자리 수 - 한 자리 수

※ 뺄셈을 하여 맞는 답에 ○ 하세요.

※ 그림을 보고, □ 안에 알맞은 수를 쓰세요.

참 잘했어요!

빼셈

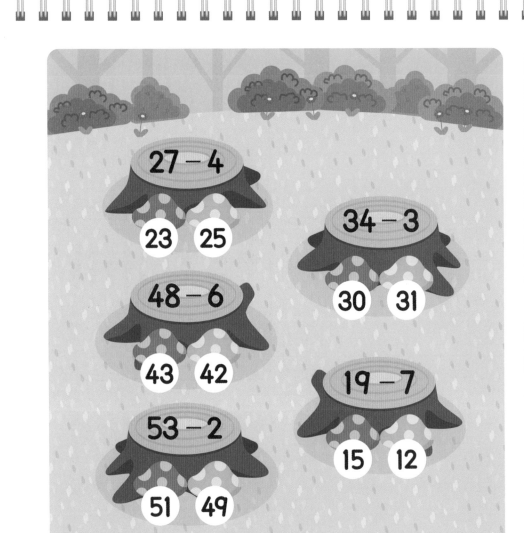

27 - 4
23   25

34 - 3
30   31

48 - 6
43   42

19 - 7
15   12

53 - 2
51   49

26 - 3 = □

18 - 4 = □

받아내림이 없는 두 자리 수 – 한 자리 수

✳ 뺄셈을 하여 답이 맞는 산타 머리에 스티커를 붙이세요.

참 잘했어요!

19 – 6   25 – 2   37 – 4   56 – 5   48 – 7

15   23   33   49   41

41

받아내림이 없는 두 자리 수 – 한 자리 수

뺄셈

✳ 뺄셈을 하여 나온 수에 주어진 색을 칠하세요.　　✳ 뺄셈을 하여, □ 안에 알맞은 수를 쓰세요.

참 잘했어요!

$$\begin{array}{r} 36 \\ -\ 4 \\ \hline \end{array}$$

$36 - 4 = \boxed{}$

$26 - 3 = \boxed{}$　　$48 - 5 = \boxed{}$

$57 - 4 = \boxed{}$　　$39 - 8 = \boxed{}$

$24 - 2 = \boxed{}$　　$15 - 3 = \boxed{}$

$33 - 1 = \boxed{}$　　$56 - 5 = \boxed{}$

42

차례수를 알아요

차례수

✳ 그림의 개수가 같은 것끼리 선으로 이으세요.　　✳ 차례수에 맞게 빈칸에 들어갈 숫자를 쓰세요.

참 잘했어요!

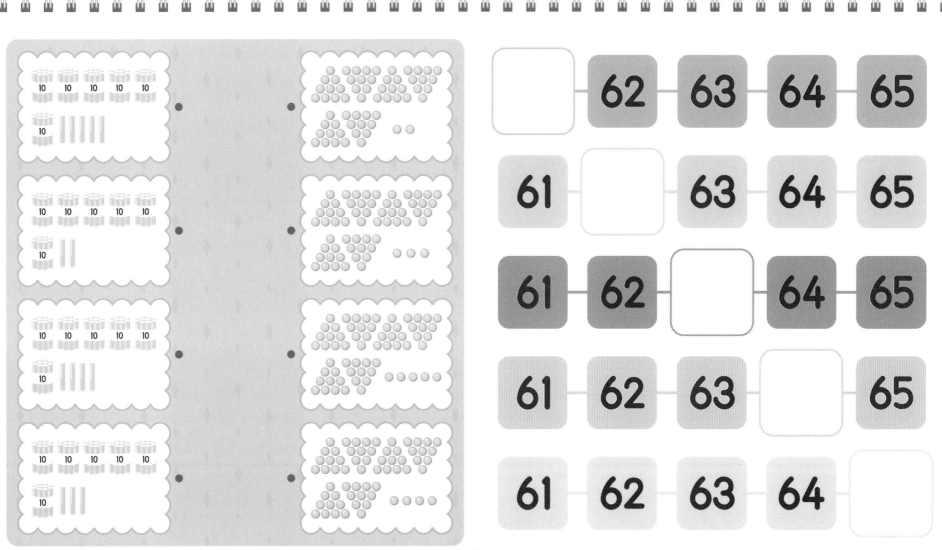

43

차례수를 알아요

✳ 빈칸에 차례에 맞게 수 스티커를 붙이세요.

✳ 차례수에 맞게 빈칸에 들어갈 숫자를 쓰세요.

참 잘했어요!

	67	68	69	70
66		68	69	70
66	67		69	70
66	67	68		70
66	67	68	69	

44

차례수를 알아요

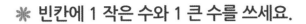

❋ 빈칸에 1 작은 수와 1 큰 수를 쓰세요.

❋ 차례수에 맞게 빈칸에 들어갈 숫자를 쓰세요.

참 잘했어요!

63 (64) 65   ( ) 63 ( )

[ ] 66 [ ]   [ ] 69 [ ]

△ 72 △   △ 73 △

⬡ 70 ⬡   ⬡ 74 ⬡

[ ] 72 73 74 75

71 [ ] 73 74 75

71 72 [ ] 74 75

71 72 73 [ ] 75

71 72 73 74 [ ]

45

차례수를 알아요

❋ 빈칸에 사이의 수를 쓰세요.

❋ 차례수에 맞게 빈칸에 들어갈 숫자를 쓰세요.

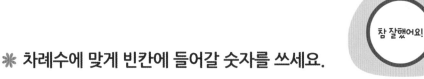
참 잘했어요!

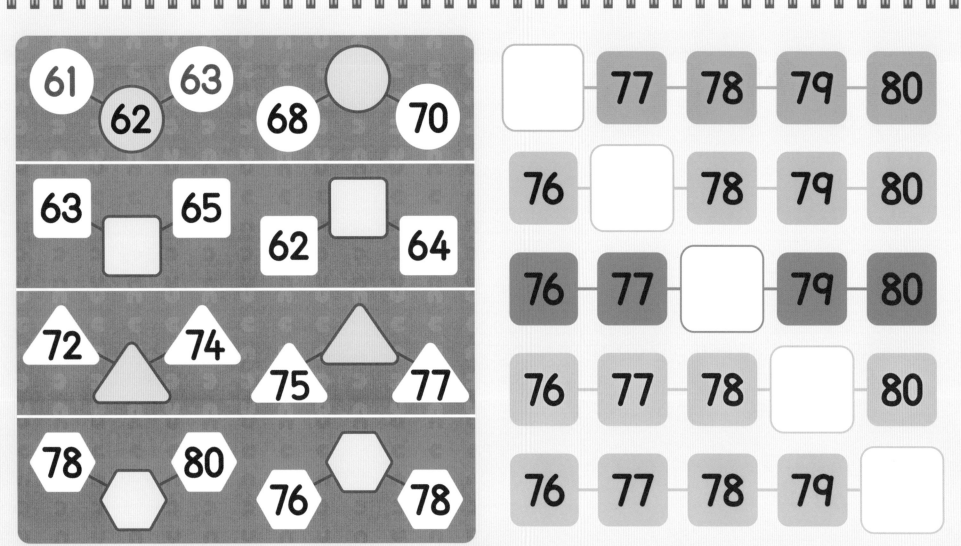

61 62 63 ⬡ 68 70

63 ☐ 65 62 ☐ 64

72 ▲ 74 75 ▲ 77

78 ⬡ 80 76 ⬡ 78

☐	77	78	79	80
76	☐	78	79	80
76	77	☐	79	80
76	77	78	☐	80
76	77	78	79	☐

똑같아요

참 잘했어요!

✳ 왼쪽 그림과 같이 오른쪽 그림에 스티커를 붙이세요.

공간 지각력

47

달라졌어요

부분과 전체

✳ 왼쪽 그림을 보고, 오른쪽 그림에서 달라진 곳 네 곳을 찾아 ○ 하세요.

참 잘했어요!

48

하나 더 작은 수

✳ 주어진 수보다 '1' 작은 수를 □안에 쓰세요.

참 잘했어요!

	21
	34
	46
	28

	65
	38
	29
	53

	37
	74
	45
	23

49

하나 더 큰 수

큰 수

✳ 주어진 수보다 '1' 큰 수를 ○안에 쓰세요.

참 잘했어요!

50

수의 크기를 알아요

✳ 두 수를 비교하여 ○에 <, =, >을 표시하세요.

참 잘했어요!

34 ○ 41

24 ○ 19

43 ○ 43

52 ○ 61

51

어떤 모양이 될까요?

✳ 왼쪽 두 그림을 겹치면 어떤 모양이 될까요? 맞는 모양에 ○ 하세요.

참 잘했어요!

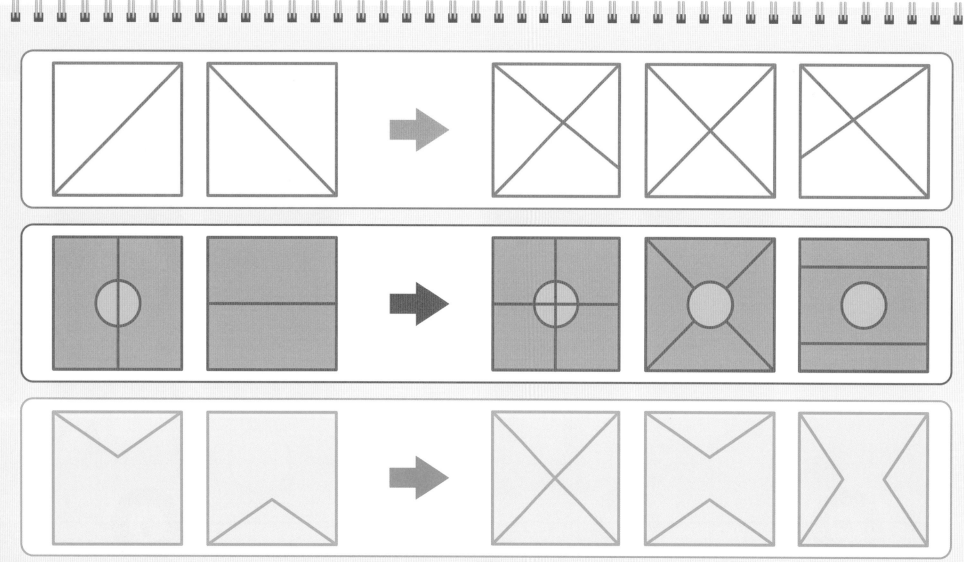

한 자리 수의 덧셈·뺄셈

❋ 그림를 보고, 덧셈을 하세요.

❋ 그림을 보고, □안에 알맞은 수를 쓰세요.

참 잘했어요!

$6 + 3 = \boxed{}$

$5 + 4 = \boxed{}$

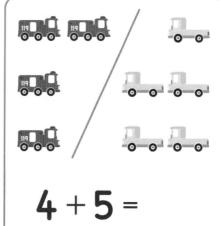

$4 + 5 =$

$3 + 4 =$

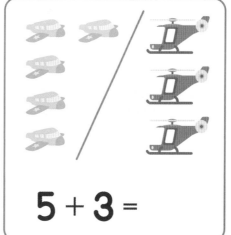

$5 + 3 =$

$6 + 2 =$

한 자리 수의 덧셈 · 뺄셈

참 잘했어요!

❋ □안에 알맞은 수를 쓰세요.

$$4 + 4 = \boxed{}$$
$$\begin{array}{r} 4 \\ +\ 4 \\ \hline \boxed{} \end{array}$$

$$6 + 2 = \boxed{}$$
$$\begin{array}{r} 6 \\ +\ 2 \\ \hline \boxed{} \end{array}$$

$$5 + 2 = \boxed{} \qquad 6 + 3 = \boxed{} \qquad 3 + 5 = \boxed{} \qquad 6 + 1 = \boxed{}$$

$$3 + 4 = \boxed{} \qquad 2 + 7 = \boxed{} \qquad 4 + 2 = \boxed{} \qquad 7 + 2 = \boxed{}$$

$$1 + 8 = \boxed{} \qquad 4 + 5 = \boxed{} \qquad 2 + 2 = \boxed{} \qquad 3 + 3 = \boxed{}$$

$$3 + 2 = \boxed{} \qquad 7 + 1 = \boxed{} \qquad 5 + 4 = \boxed{} \qquad 2 + 6 = \boxed{}$$

한 자리 수의 덧셈 · 뺄셈

덧셈 · 뺄셈

참 잘했어요!

❋ 그림을 보고, 뺄셈을 하세요.

❋ 그림을 보고, □안에 알맞은 수를 쓰세요.

8 - 2 = ☐

6 - 4 =

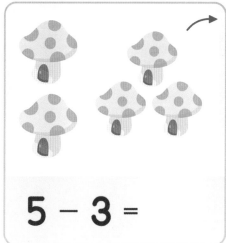

5 - 3 =

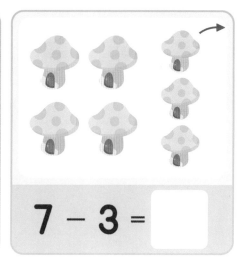

7 - 3 = ☐

6 - 2 =

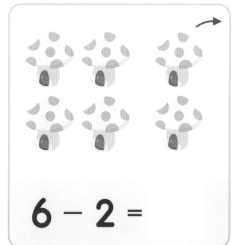

9 - 4 = ☐

55

한 자리 수의 덧셈 · 뺄셈

덧셈·뺄셈

참 잘했어요!

✳ □안에 알맞은 수를 쓰세요.

$8 - 3 = \boxed{}$

$$8 - 3 = \boxed{}$$

$9 - 6 = \boxed{}$

$$9 - 6 = \boxed{}$$

$7 - 2 = \boxed{}$

$5 - 4 = \boxed{}$

$6 - 3 = \boxed{}$

$8 - 7 = \boxed{}$

$3 - 1 = \boxed{}$

$4 - 2 = \boxed{}$

$5 - 2 = \boxed{}$

$9 - 8 = \boxed{}$

$9 - 7 = \boxed{}$

$8 - 6 = \boxed{}$

$4 - 1 = \boxed{}$

$7 - 4 = \boxed{}$

$6 - 4 = \boxed{}$

$7 - 3 = \boxed{}$

$3 - 2 = \boxed{}$

$6 - 5 = \boxed{}$

받아올림이 있는 **한 자리 수 + 한 자리 수**

❋ 동물을 세어, □안에 쓰고 계산을 하세요. ❋ 그림을 보고, □안에 알맞은 수를 쓰세요.

참 잘했어요!

$2 + 8 = \boxed{}$

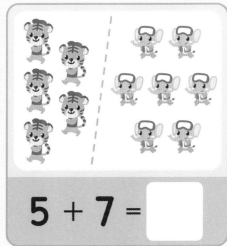

$5 + 7 = \boxed{}$

$6 + 5 = \boxed{}$

$9 + 3 = \boxed{}$

$\boxed{} + \boxed{} = \boxed{}$

받아올림이 있는 한 자리 수 + 한 자리 수

✳ 정답의 스티커를 모자에 붙이세요.

✳ 그림을 보고, □안에 알맞은 수를 쓰세요.

참 잘했어요!

9 + 5

6 + 7

8 + 4

3 + 8

5 + 5

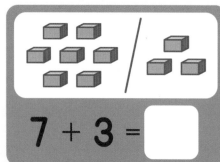

7 + 3 =

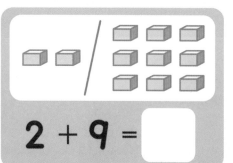

2 + 9 =

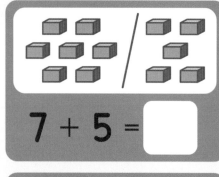

7 + 5 =

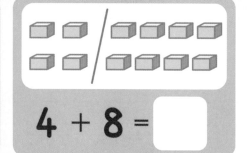

4 + 8 =

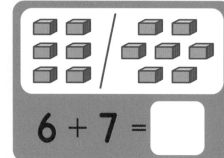

6 + 7 =

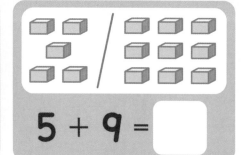

5 + 9 =

58

받아올림이 있는 한 자리 수 + 한 자리 수

참 잘했어요!

※ 두 수를 더한 수를 선으로 이으세요.   ※ 계산을 하여, □안에 알맞은 수를 쓰세요.

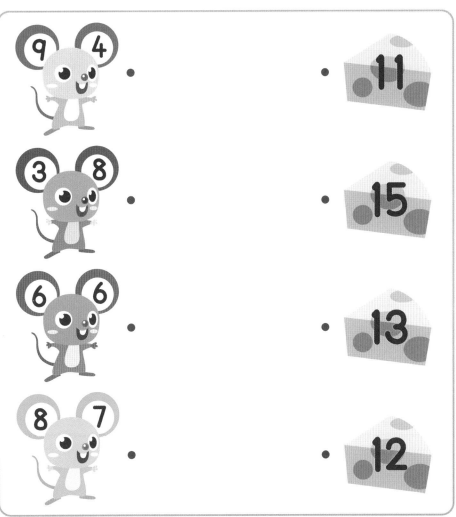

9 4 •   • 11

3 8 •   • 15

6 6 •   • 13

8 7 •   • 12

$8 + 6 =$ ☐

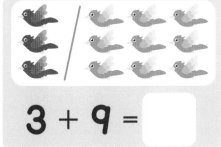

$3 + 9 =$ ☐

$7 + 4 =$ ☐ $5 + 6 =$ ☐

$2 + 9 =$ ☐ $4 + 8 =$ ☐

$6 + 7 =$ ☐ $9 + 4 =$ ☐

$8 + 9 =$ ☐ $3 + 7 =$ ☐

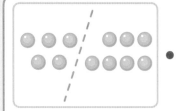　• 　　　• 11

• 　　　• 12

　• 　　　• 14

　• 　　　• 13

$9 + 7 = \boxed{}$　　$5 + 8 = \boxed{}$

$3 + 8 = \boxed{}$　　$6 + 4 = \boxed{}$

$7 + 4 = \boxed{}$　　$5 + 9 = \boxed{}$

$6 + 7 = \boxed{}$　　$9 + 5 = \boxed{}$

$5 + 6 = \boxed{}$　　$8 + 4 = \boxed{}$

받아내림이 있는 두 자리 수 – 한 자리 수

✳ 그림을 보고, □안에 알맞은 수를 쓰세요.

참 잘했어요!

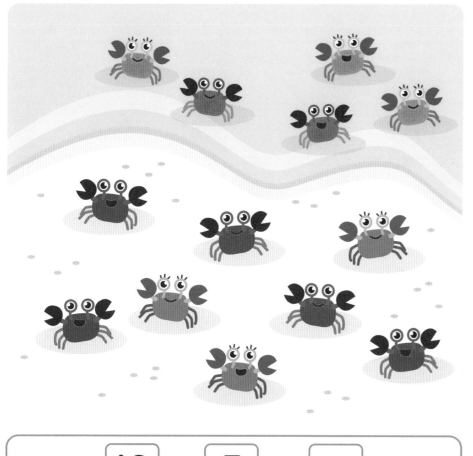

$12 - 4 =$ □

$11 - 3 =$ □

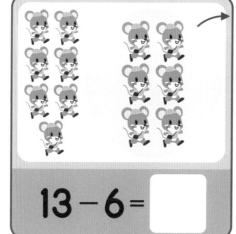

$13 - 6 =$ □

$14 - 8 =$ □

$$\boxed{13} - \boxed{5} = \boxed{}$$

61

✱ 번호판에 맞는 답의 스티커를 붙이세요.　　　✱ 그림을 보고, □안에 알맞은 수를 쓰세요.

참 잘했어요!

13 - 4 =

11 - 4 =

12 - 7 =

12 - 3 =

15 - 8 =

14 - 9 =

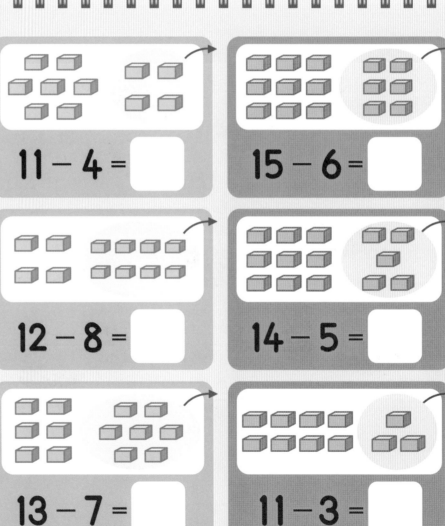

11 - 4 =

15 - 6 =

12 - 8 =

14 - 5 =

13 - 7 =

11 - 3 =

받아내림이 있는 두 자리 수 – 한 자리 수

✳ 정답을 찾아 선으로 이으세요.

✳ 계산을 하여, □ 안에 알맞은 수를 쓰세요.

참 잘했어요!

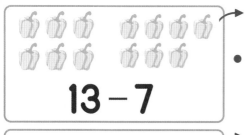

13 – 7 •

• 5

11 – 8 •

• 8

14 – 9 •

• 6

12 – 4 •

• 3

12 – 4 = ☐

15 – 6 = ☐

11 – 4 = ☐

17 – 8 = ☐

13 – 6 = ☐

15 – 7 = ☐

12 – 5 = ☐

16 – 9 = ☐

14 – 8 = ☐

13 – 4 = ☐

받아내림이 있는 두 자리 수 – 한 자리 수

참 잘했어요!

❋ 뺄셈을 하여, □안에 그 수를 쓰세요.

❋ □안에 알맞은 수를 쓰세요.

13 - 8 = □

14 - 5 = □

16 - 7 = □

11 - 4 = □

12 - 8 = □

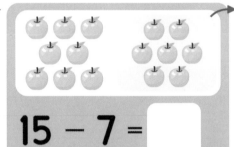

15 - 7 = □

11 - 3 = □

12 - 8 = □

14 - 6 = □

13 - 7 = □

17 - 8 = □

16 - 8 = □

18 - 9 = □

15 - 6 = □

64

90까지의 수를 알아요

90까지의 수

❋ 그림의 개수에 맞는 수를 ○ 하세요.

❋ 81, 82, 83의 숫자를 바르게 쓰세요.

참 잘했어요!

(80)	**81**	(82)	(83)

72	**73**	**75**	**78**

64	**67**	**68**	**70**

81	82	83
81		83
81		83
81	82	83
81	82	83

90까지의 수를 알아요

✳ 그림의 수를 세어 그 수를 ○ 하세요.

✳ 84, 85, 86의 숫자를 바르게 쓰세요.

참 잘했어요!

81 82 83 84 85	81 82 83 84 85
83 84 85 86 87	84 85 86 87 88
81 82 83 84 85	83 84 85 86 87

84	85	86
84	85	86
84	85	86
84	85	86
84	85	86

90까지의 수를 알아요

※ 왼쪽 수와 같은 수를 찾아 선으로 이으세요.　　※ 87, 88, 89의 숫자를 바르게 쓰세요.

참 잘했어요!

10개씩 묶음	낱개
8	3

10개씩 묶음	낱개
8	5

10개씩 묶음	낱개
8	7

10개씩 묶음	낱개
8	9

10개씩 묶음	낱개
8	6

85

83

87

86

89

87	88	89
87	88	89
87	88	89
87	88	89
87	88	89

67

90까지의 수를 알아요

✳ 묶음 수와 낱개 수를 쓰고 합한 수를 쓰세요.　　✳ 88, 89, 90의 숫자를 바르게 쓰세요.

참 잘했어요!

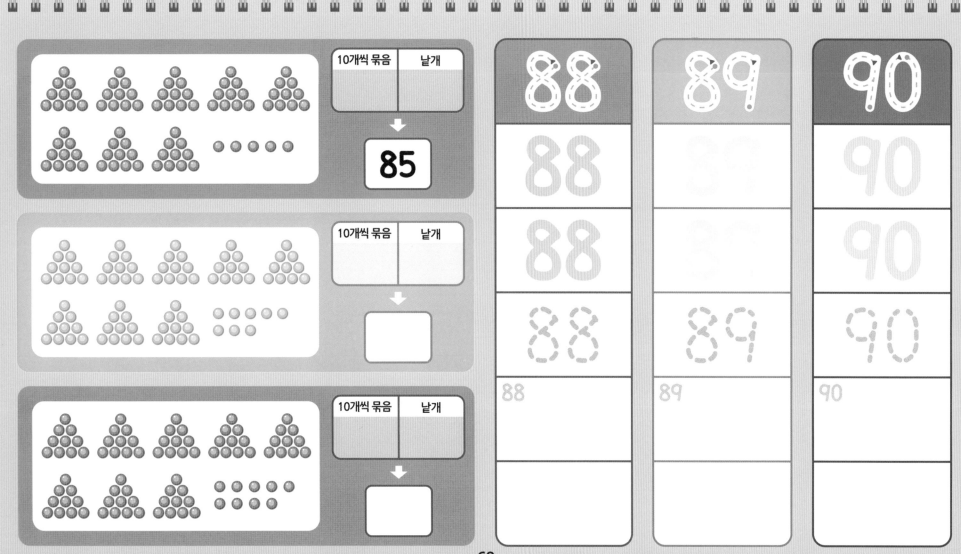

68

90까지의 수를 알아요

✳ 빈칸에 숫자 스티커를 차례에 맞게 붙이세요.　　✳ 빈칸에 들어갈 알맞은 숫자를 바르게 쓰세요.

참 잘했어요!

71		73		75
	77		79	
81	82	83	84	85
86	87	88	89	90
91	92	93	94	95
96	97	98	99	100

90까지의 수를 알아요

90까지의 수

✳ 차례수에 맞게 빈칸에 들어갈 알맞은 숫자를 쓰세요.

참 잘했어요!

	82	83	84	85		87	88	89	90
81		83	84	85	86		88	89	90
81	82		84	85	86	87		89	90
81	82	83		85	86	87	88		90
81	82	83	84		86	87	88	89	

시계는 똑딱똑딱

❋ 시계를 읽어 보세요.

❋ 빠진 숫자 스티커를 붙여 시계를 완성하세요.

참 잘했어요!

몇 시일까요?

✳ 시각에 맞게 시곗바늘 스티커를 붙이세요.

참 잘했어요!

8시

3시

10시

4시

72

몇 시인지 알 수 있어요

❋ 시계를 잘 보고 몇 시인지 말하세요.

73

시와 분을 알아요

✳ 같은 시각을 가리키는 것끼리 이으세요.

✳ 시계에 맞는 숫자를 써서 시계를 완성하세요.

참 잘했어요!

8 : 10

8 : 30

10 : 30

9 : 00

시계는 쉬지 않아요

참 잘했어요!

❋ 주어진 시각에 맞는 시계 스티커를 붙이세요.   ❋ 시계에 30분을 그려 보세요.

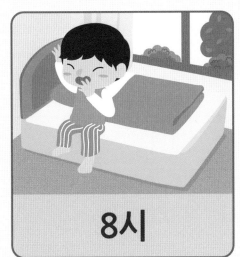
8시

3시 30분

12시 20분

5시 10분

1시 30분

3시 30분

5시 30분

10시 30분

75

100까지의 수를 알아요

100까지의 수

※ 그림의 개수에 맞는 수를 ○ 하세요.

※ 91, 92, 93의 숫자를 바르게 쓰세요.

참 잘했어요!

91	92	93	94		91	92	93

| 82 | 83 | 84 | 85 |

| 92 | 93 | 94 | 95 |

91	91	91	91

| 92 | 92 | 92 | 92 |

| 93 | 93 | 93 | 93 |

100까지의 수를 알아요

✳ 그림의 개수에 맞는 수를 ○ 하세요.

✳ 94, 95, 96의 숫자를 바르게 쓰세요.

참 잘했어요!

91 92 93 94 95

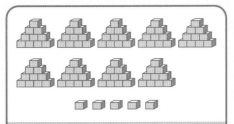

93 94 95 96 97

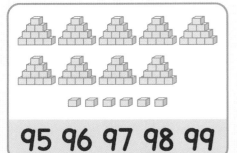

95 96 97 98 99

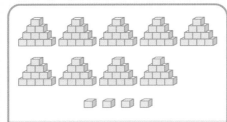

91 92 93 94 95

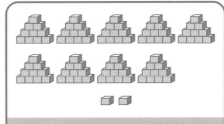

93 94 95 96 97

91 92 93 94 95

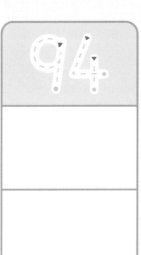

77

100까지의 수를 알아요

✳ 개수를 세어 같은 것끼리 선으로 이으세요.　　✳ 97, 98, 99의 숫자를 바르게 쓰세요.

참 잘했어요!

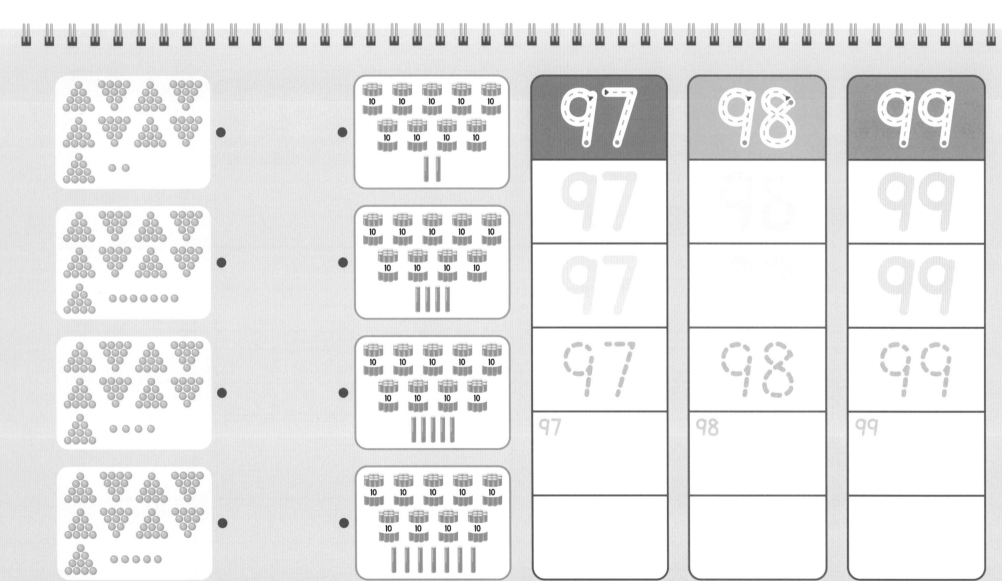

78

100까지의 수를 알아요

✳ 문제를 읽고 알맞은 수를 쓰세요.

✳ 98, 99, 100의 숫자를 바르게 쓰세요.

참 잘했어요!

✳ 빈칸에 사이의 수를 쓰세요.

90		92

92		94

93		95

97		99

96		98

91		93

✳ 빈칸에 1 큰 수와 1 작은 수를 쓰세요.

	92	

	94	

	95	

	98	

	97	

	99	

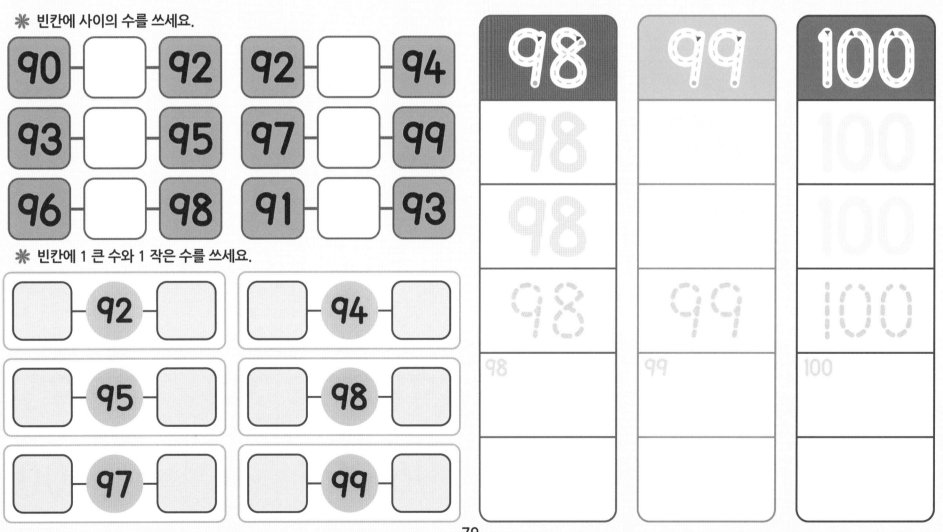

98   99   100

79

100까지의 수를 알아요

✳ 왼쪽 수와 같은 수를 찾아 선으로 이으세요.　　✳ 차례수에 맞게 빈칸에 들어갈 숫자를 쓰세요.

참 잘했어요!

10개씩 묶음	낱개
9	9

10개씩 묶음	낱개
9	5

10개씩 묶음	낱개
9	6

10개씩 묶음	낱개
9	3

10개씩 묶음	낱개
9	8

96

93

98

95

99

71		73		75
76		78		80
81		83		85
86		88		90
91	92	93	94	95
96	97	98	99	100

80

100까지의 수를 알아요

✱ 차례수에 맞게 빈칸에 들어갈 알맞은 숫자를 쓰세요.

참 잘했어요!

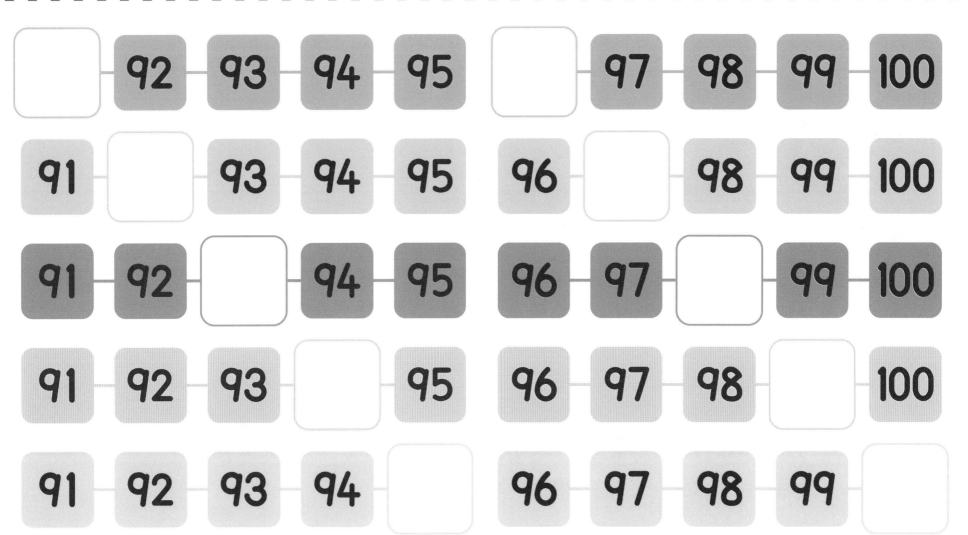

| | 92 | 93 | 94 | 95 | | 97 | 98 | 99 | 100 |

| 91 | | 93 | 94 | 95 | 96 | | 98 | 99 | 100 |

| 91 | 92 | | 94 | 95 | 96 | 97 | | 99 | 100 |

| 91 | 92 | 93 | | 95 | 96 | 97 | 98 | | 100 |

| 91 | 92 | 93 | 94 | | 96 | 97 | 98 | 99 | |

받아올림이 없는 **두 자리 수 + 한 자리 수**

※ 문제에 맞는 답을 찾아 선으로 이으세요.　　　　※ 그림을 보고, □안에 알맞은 수를 쓰세요.

참 잘했어요!

13 + 4

20 + 9

15 + 3

21 + 6

16 + 3

17　29
27　18　19

□ + □ = □

□ + □ = □

받아올림이 없는 두 자리 수 + 한 자리 수

❋ 덧셈을 하여 나온 답을 선으로 이으세요.　　　❋ 덧셈을 하여, □ 안에 알맞은 수를 쓰세요.

참 잘했어요!

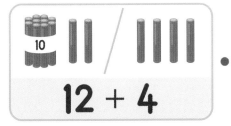

12 + 4

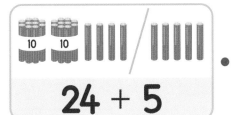

24 + 5

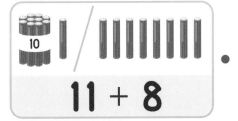

11 + 8

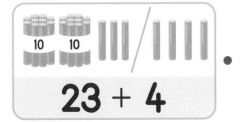

23 + 4

29

16

27

19

12 + 4 = □

17 + 2 = □

15 + 3 = □

28 + 1 = □

받아올림이 없는 두 자리 수 + 한 자리 수

✳ 그림을 보고, □안에 알맞은 수를 쓰세요.　　✳ 덧셈을 하여, □안에 알맞은 수를 쓰세요.

참 잘했어요!

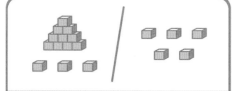

$13 + 5 = \boxed{}$

$11 + 7 = \boxed{}$

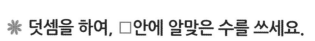

$14 + 4 = \boxed{}$

$23 + 5 = \boxed{}$

$26 + 3 = \boxed{}$

$22 + 6 = \boxed{}$

$13 + 5 = \boxed{}$

$22 + 7 = \boxed{}$

$12 + 6 = \boxed{}$

$21 + 3 = \boxed{}$

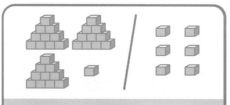

$35 + 4 = \boxed{}$

$31 + 6 = \boxed{}$

$11 + 3 = \boxed{}$

$27 + 2 = \boxed{}$

$15 + 2 = \boxed{}$

$23 + 4 = \boxed{}$

받아올림이 없는 두 자리 수 + 한 자리 수

❋ 정답을 쓰고, 나무에 스티커를 붙이세요. ❋ 그림을 보고, □안에 알맞은 수를 쓰세요.

참 잘했어요!

13 + 6 = ☐   25 + 2 = ☐

21 + 8 = ☐   16 + 2 = ☐

탁자 위에 오렌지 15개, 사과 3개가 있습니다.
과일은 모두 몇 개입니까?

☐ + ☐ = ☐ 개

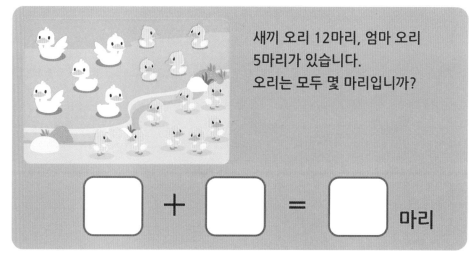

새끼 오리 12마리, 엄마 오리 5마리가 있습니다.
오리는 모두 몇 마리입니까?

☐ + ☐ = ☐ 마리

받아내림이 없는 두 자리 수 − 한 자리 수

✳ 뺄셈을 하여 나온 답에 ○하세요.

✳ 그림을 보고, □안에 알맞은 수를 쓰세요.

참 잘했어요!

12 14
16 − 2

12 15
19 − 7

10 12
15 − 3

13 11
14 − 1

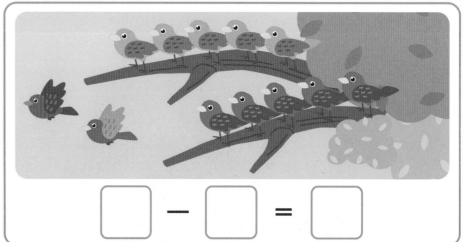

□ − □ = □

□ − □ = □

86

받아내림이 없는 두 자리 수 - 한 자리 수

✳ 뺄셈을 하여 나온 답을 선으로 이으세요.　　✳ 뺄셈을 하여 맞는 답에 ○ 하세요.

참 잘했어요!

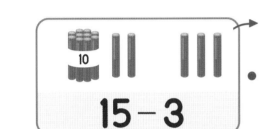

15 - 3

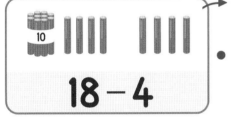

18 - 4

24 - 3

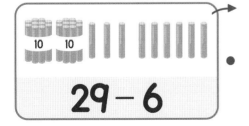

29 - 6

 21

 12

• 14

• 23

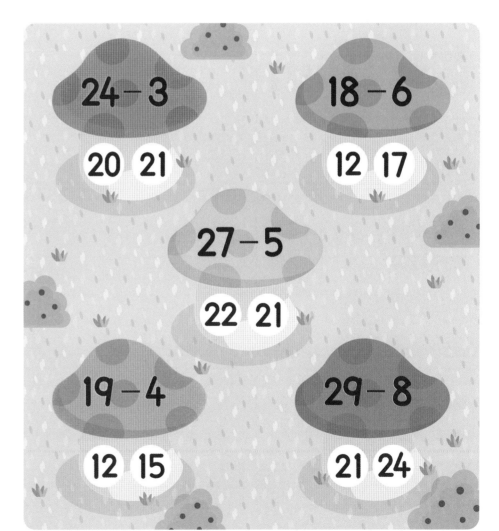

24 - 3　　20　21

18 - 6　　12　17

27 - 5　　22　21

19 - 4　　12　15

29 - 8　　21　24

참 잘했어요!

✳ 그림을 보고, □안에 알맞은 수를 쓰세요.　　✳ □안에 알맞은 수를 쓰세요.

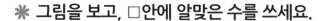

19 − 7 = ☐

23 − 2 = ☐

14 − 3 = ☐

25 − 3 = ☐

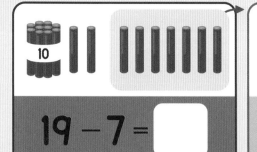

27 − 6 = ☐

17 − 4 = ☐

18 − 6 = ☐

27 − 5 = ☐

19 − 8 = ☐

26 − 4 = ☐

16 − 5 = ☐

28 − 3 = ☐

15 − 4 = ☐

24 − 3 = ☐

17 − 5 = ☐

28 − 7 = ☐

받아내림이 없는 두 자리 수 – 한 자리 수

✳ 정답을 쓰고, 물고기에 스티커를 붙이세요.　　✳ 글을 읽고, 뺄셈을 하여 답을 쓰세요.

참 잘했어요!

| 18 – 6 = ☐ | 25 – 3 = ☐ |
| 16 – 5 = ☐ | 28 – 4 = ☐ |

탁자에 딸기 16개가 있었습니다.
그 중 4개를 먹었습니다.
남아 있는 딸기는 몇 개입니까?

☐ – ☐ = ☐ 개

풍선이 13개 있었습니다.
그 중에서 2개가 터졌습니다.
남아 있는 풍선은 몇 개입니까?

☐ – ☐ = ☐ 개

89

보물섬에 왔어요

❋ 덧셈·뺄셈을 하여 맞는 답을 따라 보물섬을 찾아가세요.

참 잘했어요!

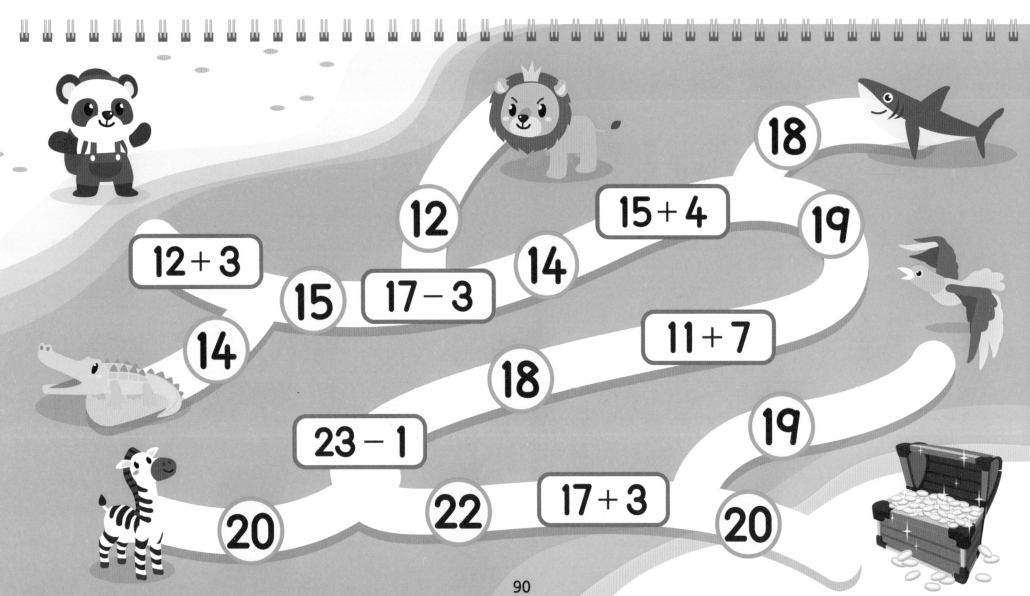

12

15 + 4

18

19

12 + 3

15

17 − 3

14

11 + 7

14

18

19

23 − 1

20

22

17 + 3

20

덧셈과 뺄셈

✳ 정답을 찾아 선으로 이으세요.

✳ 문제를 풀고 나온 수의 주어진 색으로 칠하세요.

참 잘했어요!

$9 + 8$ ·   · **19**

$16 + 3$ ·   · **12**

$27 - 4$ ·   · **17**

$19 - 7$ ·   · **13**

$18 - 5$ ·   · **23**

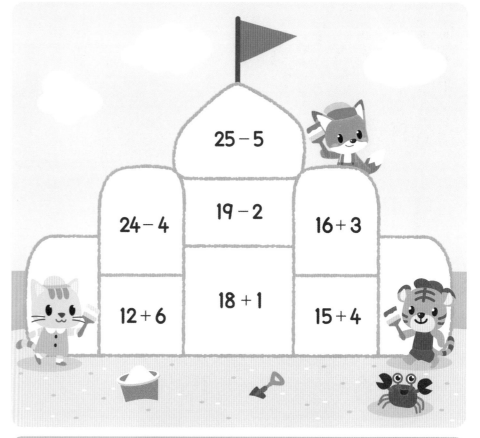

$25 - 5$

$24 - 4$ $19 - 2$ $16 + 3$

$12 + 6$ $18 + 1$ $15 + 4$

17   **18**   **19**   **20**

덧셈과 뺄셈

✳ ☐안에 알맞은 수를 쓰세요.

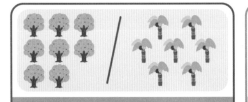

$8 + 7 =$ ☐

$12 + 9 =$ ☐

$9 - 4 =$ ☐

$15 - 6 =$ ☐

$9 + 4 =$ ☐

$13 + 8 =$ ☐

$8 - 6 =$ ☐

$13 - 5 =$ ☐

$5 + 7 =$ ☐

$17 + 3 =$ ☐

$7 - 4 =$ ☐

$17 - 8 =$ ☐

$8 + 6 =$ ☐

$15 + 4 =$ ☐

$9 - 3 =$ ☐

$15 - 6 =$ ☐

$6 + 5 =$ ☐

$12 + 7 =$ ☐

$6 - 2 =$ ☐

$12 - 9 =$ ☐

입학 전 수학떼기 6·7세

※ 1P

※ 2P
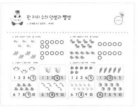

※ 3P

※ 4P

※ 5P
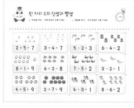

※ 6P
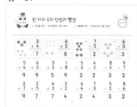

※ 7P

※ 8P

※ 9P

※ 10P

※ 11P

※ 12P
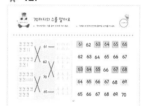

※ 13P
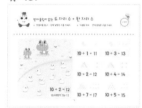

※ 14P

※ 15P

※ 16P

※ 17P
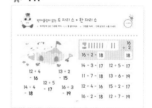

※ 18P
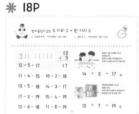

※ 19P

※ 20P
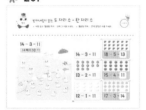

※ 21P

※ 22P

※ 23P

※ 24P

※ 25P

※ 26P

입학 전 수학떼기 6·7세

❋ 27P

❋ 28P

❋ 29P

❋ 30P

❋ 31P

❋ 32P

❋ 33P
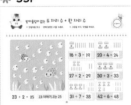

❋ 34P
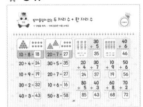

❋ 35P

❋ 36P

❋ 37P

❋ 38P

❋ 39P

❋ 40P
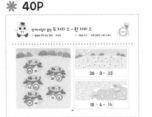

❋ 41P

❋ 42P

❋ 43P

❋ 44P

❋ 45P

❋ 46P

❋ 47P

❋ 48P

❋ 49P

❋ 50P

❋ 51P
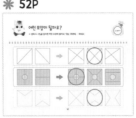

❋ 52P

입학 전 수학떼기 **6·7세**

✳ 53P

✳ 54P

✳ 55P

✳ 56P

✳ 57P

✳ 58P

✳ 59P

✳ 60P

✳ 61P

✳ 62P

✳ 63P

✳ 64P

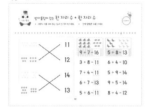

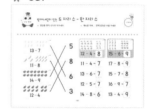

✳ 65P

✳ 66P

✳ 67P

✳ 68P

✳ 69P

✳ 70P

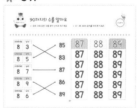

✳ 71P

✳ 72P

✳ 73P

✳ 74P

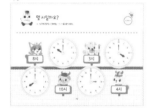

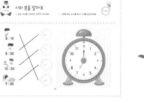

✳ 75P

✳ 76P

✳ 77P

✳ 78P

입학 전 수학떼기 6·7세

※ 79P

※ 80P

※ 81P

※ 82P

※ 83P
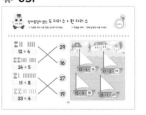

※ 84P

※ 85P

※ 86P
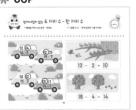

※ 87P
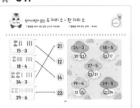

※ 88P

※ 89P
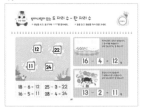

※ 90P

※ 91P

※ 92P

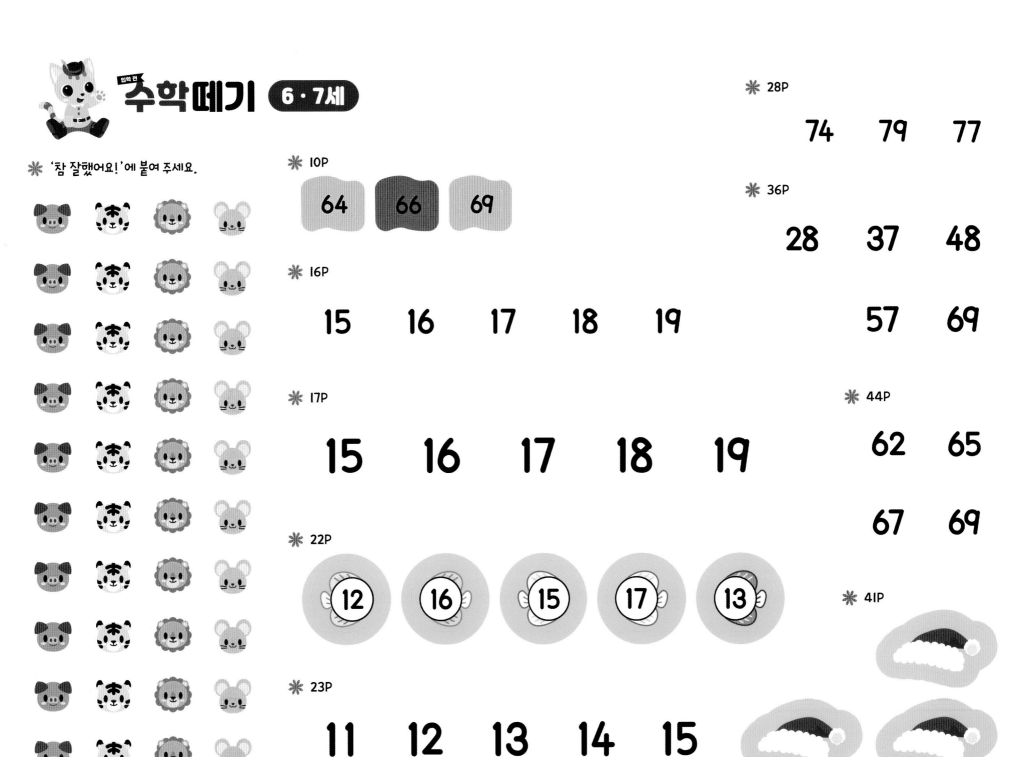

입학전 수학떼기 6·7세

❋ '참 잘했어요!'에 붙여 주세요.

❋ 10P
64 66 69

❋ 16P
15 16 17 18 19

❋ 17P
15 16 17 18 19

❋ 22P
12 16 15 17 13

❋ 23P
11 12 13 14 15

❋ 28P
74 79 77

❋ 36P
28 37 48
57 69

❋ 44P
62 65
67 69

❋ 41P

입학 전 수학떼기 6·7세

 '참 잘했어요!'에 붙여 주세요.

✻ 47P

✻ 58P

10 11 12 13 14

✻ 62P

9 7 5 9 7 5

✻ 69P

84 86 87 89

✻ 71P

1 3 5 7 9 11

✻ 72P

✻ 75P

✻ 85P

19 27

18 29

✻ 89P

12 11

22 24